家养观赏鱼
系列

金鱼

◻ 刘雅丹　白　明　主编

中国农业出版社
农村读物出版社
北　京

图书在版编目（CIP）数据

金鱼 / 刘雅丹，白明主编 . -- 北京：中国农业出版社，2023.1
（家养观赏鱼系列）
ISBN 978-7-109-30404-8

Ⅰ . ①金… Ⅱ . ①刘… ②白… Ⅲ . ①金鱼 – 鱼类养殖 Ⅳ . ① S965.811

中国国家版本馆 CIP 数据核字 (2023) 第 022223 号

金鱼
JINYU

中国农业出版社出版
地址：北京市朝阳区麦子店街 18 号楼
邮编：100125
策划编辑：马春辉　　责任编辑：马春辉　周益平
责任校对：吴丽婷
印刷：北京中科印刷有限公司
版次：2023 年 1 月第 1 版
印次：2023 年 1 月北京第 1 次印刷
发行：新华书店北京发行所
开本：710mm×1000mm　1/16
印张：6
字数：100 千字
定价：48.00 元

家养观赏鱼系列丛书编委会

主　　编：刘雅丹　白　明

副主编：朱　华　吴反修　代国庆

编　　委：于　洁　邹强军　隋　然　张　蓉　赵　阳

　　　　　单　袁　张馨馨　左花平

配　　图：白　明

前言

　　中国的传统文化源远流长，而观赏鱼养殖和文化，特别是中国金鱼以及由它衍生出的金鱼文化，无疑是这条宽广深邃的大河之中一朵精致美丽的浪花。

　　我国幅员辽阔的秀丽山河，孕育了金鱼的祖先野生鲫鱼，佛教文化把野生之鱼带入神坛，又带入了人间，几千年中华文明的发展与延伸，积淀了金鱼厚重的文化底蕴。在解读讲述金鱼伴着历史的沧桑变幻，走进深宫大院、草屋茅舍的故事中，我们可以领略金鱼身上所寄寓的中华文化中那种特有的充满着朴实善良、追求幸福美好生活的人文精神。

金鱼在我国具有 600 年以上的饲养培育历史，世世代代劳动人民把他们智慧结晶与现代科技创新完美融合进了金鱼的培育中。他们繁衍和创造出来的品种繁多、尊贵典雅、活泼可爱、色彩缤纷的金鱼，深刻体现出中华民族的民族审美观和艺术价值观。

金鱼是活着的"世界自然与文化遗产"，寄托着人们渴望和平、幸福、吉祥的美好愿望，作为中国人民的友谊使者游向世界，并将游向未来。

让我们把国宝金鱼请回家，让这些五彩缤纷、千姿百态的鱼儿带给您一处流动的风景，一抹淡淡的云霞，一束幽幽的清香，带给您幸福、吉祥和安宁；让我们的工作与生活有如金鱼的优雅与从容，看云卷云舒、宠辱不惊。

编者

2022 年 10 月

目　录

识鱼篇 •••••

养鱼篇 •••••

赏鱼篇 •••••

识鱼篇

　　金鱼的演变发展完全是根据人类的审美需求而取舍，因此人工选择是唯一的手段。这种选择是定向选择。人工选择的本质是：在人为条件下保留某些基因型。使种群向一定方向转化，即为定向选择。因人类审美的不断进步，在选择的作用下，金鱼向人们展示了不同历史时期的时尚元素，而金鱼各部位产生的诸多变异，则成为人类审美的闪光点。

草金鱼是由野生鲫鱼变异出的品种

 # 追溯历史脉络，寻找金鱼故乡

 ## 金鱼来自鲫鱼的神奇突变　　　　　　　〉〉〉

　　我国大部分地区都有野生鲫鱼的繁衍和生息，这种银灰色鲫鱼在中国具有数量大、分布广的优势，成为金鱼诞生在我国的首要原因之一。

　　金鱼的最早记载是晋朝桓冲在庐山游玩时在湖中发现的赤鳞鱼。之后，不断有人在我国安徽、陕西和浙江等地见到野生的红黄色的鲫鱼。这类鲫鱼生活在江、河、湖、池塘、泉水和山洞等淡水水域，与野生鲫鱼处于相同的自然环境中。我国古代把金色鲫鱼称为"金鲫"，浙江省的嘉兴、杭州和华北等地的人民群众到了近代仍然把金色鲫鱼称为金鲫鱼或野金鱼。

众多的记载说明，金鱼发现于我国，是由野生红黄色鲫鱼演变而来的，它的祖先是野生鲫鱼，确切地说，就是在野生鲫鱼群中偶然出现金色或红色的鲫鱼。是我国古代人发现了鲫鱼的突变特性后，有意识地加以人工选择与杂交培育，最终形成了如今数以百计、多姿多彩的金鱼。

 ## 金鱼养殖技术进步历程　　　〉〉〉

● 金鱼从野生到"放生"的神化

在唐朝佛教盛行之时，佛教徒为行善积德，建立了"放生池"。被放养在放生池中的金鲫鱼被人们视为神物，佛教徒和寺院僧众偶尔喂以食物，这就是野生鲫鱼

放生池是金鱼产生的重要环境

半家养化的开始。据载，最早将金鲫鱼放养在放生池的是在浙江嘉兴与杭州两地。这种"放生行为"是把在野生自然环境里产生突变的金鲫鱼集中放于放生池，使自然环境偶然出现的金鲫鱼个体，有了最初的保护和传宗接代的可能。放生池里养金鲫鱼是金鱼养殖史上人为干预的第一步，对金鱼的演变起到了重要的助推作用。

● 金鱼从"放生"到皇家之乐

在宋代，由于王公贵族们对金鲫鱼的喜爱和赏识，一部分红黄色的鲫鱼从大自然被输送到富有者的小池塘中饲养，从此开启了金鱼的观赏历史。为了向皇家提供更惊艳的金鱼，养殖方法也开始讲究起来了。出现了一批以鱼为生的"鱼儿

圆明园坦坦荡荡金鱼池

活"，他们在对金鱼精心饲养的过程中，逐渐掌握了从天然水域捞取鱼虫喂养金鱼的技术和繁殖金鱼的方法，因此能大量生产和销售金鱼，并使金鱼的生活环境条件发生了很大变化，这是我国金鱼养殖技术的萌芽。金鱼从此由半家化时期进入家化时期。

在家化时期，金鱼单独生活在养鱼池中，彻底摆脱了与鱼鳖混生的半家化时代，完全依赖于人为提供的生存环境。由于得到人为保护和充足的饵料，再不需要与其他水生动物进行激烈的生存竞争，又避免了在放生池中与野生鲫鱼的杂交，所以新发生的变异也就比半家化时期更易于保持，品种的性状相对稳定，加上养鱼者的精挑细选，金鱼的品种逐渐由单一的金黄色，增加到金黄、银白和花斑三种颜色。

● 从皇家池养到百姓盆养

由池养到盆养，在金鱼的家化史上是很重要的一个改变，它所造成的影响也是最大的。金鱼从池养发展到盆养，中间共用了三四百年时间，经历了宋、元、明三个朝代。在明朝中后期，盆养金鱼的规模和范围不断扩大，盆养金鱼已成为普遍的养殖方式。

盆养使金鱼活动的空间缩小，游动缓慢，饲料完全依靠人工供给，这不仅影响到鱼体生理、胚胎发育和金鱼体形，而且使其变异更多：狭长的身形发展到蛋圆形；背鳍有的残缺，有的整个退化；尾鳍变为多种形式，以适应小盆缸上下转动的需要。由于进入盆缸饲养后，可以使饲养者比较细致地观察，因而对金鱼的认识和了解进一步深入，饲养技术进一步提高，使规模养鱼、仔细选鱼、分盆育种成为可能。

进入盆养阶段后，特别是在明朝中晚期，由于饲养环境的改变，金鱼产生诸多变异。此时人们对金鱼的鉴赏水平不断提高，鉴赏更加讲究和趋于理性，这是金鱼发展史上的重要时期。金鱼的大量变异表现在体形、颜色及各鳍的变化上。这时的金鱼在很多方面已呈现出和其祖先的巨大差异，因此很自然在名称上也就脱离了"鲫"字，而被叫作五色鱼、文鱼、朱砂鱼、火鱼等，到明朝崇祯皇帝时代，逐渐统称为"金鱼"。这一时期，金鱼变异的品种数不胜数，到公元1596年以前，史料

明代嘉靖年鱼缸

中记载的品种就有：红鱼、白鱼、金盔、金鞍、锦背、印头红、连鳃红、首尾红、鹤顶红、七星、八卦、墨眼、雪眼、朱眼、紫眼、玛瑙眼、琥珀眼、四红至十二红、二六红、十二白、堆金砌玉、落花流水、隔断红尘、莲台八瓣、蓝鱼、水晶鱼等。这其中，有从颜色的变异而命名的，有从眼的变异而命名的，有从尾鳍变异而命名的，有的全身变异，奇形怪状，因而也就随意命名。

● 金鱼的基因变异与人工选育

在康乾盛世之时，由于社会的稳定，宫廷金鱼又重新振兴。专业饲养金鱼的农户，有意识地选育奇异品种进行繁殖已蔚然成风，宫廷金鱼进入到育种发展阶段。清末人们已经知道进行有意识的人工选种、育种。龙睛、狮头、珍珠、望天、虎头、绒球等品种在这一时期纷纷出现。无论在色彩上，还是在体形上，都比以往出现了较大的变异，更加为人们所喜爱。

清末北京饲养金鱼盛极一时，出现玻璃缸饲养、观赏金鱼的新摆设，还有用翡翠瓶饲养金鱼的记录，情趣盎然。清末年间直到今天的一百多年时间，是中国金鱼发展的又一个里程碑。

从清末到抗日战争前的三十余年间，由于遗传学的发展，人们不仅采取种种杂交方法，使金鱼产生新的变异，同时对变异的发生、形成原因、遗传性等均做了详细而系统的研究。到1925年，又增加了十余个新品种

清末瑾太妃观鱼照片

金鱼。据许和编著的《金鱼丛谈》一书记载，1935年时仅上海就有各类金鱼七十余种。其中新添的有龙睛球、珍珠龙睛、龙睛水泡眼、朱砂眼、银蛋、蓝蛋球、背蛋球、蛋种翻鳃等品种。同时，对于各种品种的优劣鉴别也更加细致，这对于优良品种的培育起了很大的作用。

北京中山公园的金鱼展

金鱼的鉴赏得益于养殖环境的变化　　>>>

金鱼的演变发展完全是根据人类的审美需求而取舍的，因此人工选择是唯一的手段，这种选择是定向选择。人工选择的本质是：在人为条件下保留某些基因型。使种群向一定方向转化。因人类审美的不断变化，在选择的作用下，金鱼的演变、发展向人们展示了不同历史时期的时尚元素，而金鱼各部位产生的诸多变异，则成为人类审美的闪光点。

金鱼的家化驯养大大缩短了人与鱼之间的距离，也融入了人与鱼之间的情感。鱼的生存完全依赖于人的管理、呵护和食物投喂。由于活动空间变小了，食物又有保障，鲫鱼的习性改变了，体形也就变得短圆。另外，由于尾鳍的游动力度减弱，因而变成长尾和多片的三尾、双尾鳍以维持全身的平衡。

最重要的是盆养造就了人们近距离观察和鉴赏金鱼的条件，也只有分盆育种才有可能使突变中产生的异种在数代的选择中获得稳定遗传。同时，鉴赏艺术水平的提升使金鱼的选择有了明确的方向。可以说，在金鱼养殖业中，选择和育种作为一种手段，随着文明的发展而发展。不管是昨天、今天还是未来科技高度发展的明天，人们审美鉴赏的眼光将永远发挥着无可替代的作用。

瓦盆是历经数百年仍被广泛使用的金鱼饲养器皿

金鱼的祖先野生鲫鱼

了解金鱼的生理结构、分类与命名

金鱼的生理结构 　　　　　　　　　　>>>

　　金鱼的身体分为头部、躯干和尾部。头部从吻端至鳃盖后缘，躯干从鳃盖后至尾柄，尾部从尾柄至尾末端。头部器官有口、眼、鼻、鳃；躯干由鳞片覆盖着，体侧两边分别各有一条由鳃盖后端至尾柄的侧线；背部生有背鳍（蛋种金鱼除外），腹部长有胸鳍、腹鳍、臀鳍；尾部即尾鳍。

　　与野生鲫鱼相比，金鱼身体各部位都发生了较大改变，我们就以下几方面，来表述金鱼变异的状况。

　　〇颜色：橙、红、黑、白、蓝、紫、紫蓝、五花、红白、黑白、三色。

　　〇体形：短身、琉金、球、蛋、纺锤（草鱼）。

　　〇鳞片：①数量变化：侧线鳞片数为 26 片，侧线下方鳞片排列为 7 行，不同于鲫鱼正常值。②类型变化：出现正常鳞、透明鳞、珍珠鳞。

○**头形**：①平头形——尖头（珍珠、琉金、文鱼）、扁平头（蛤蟆头）；②高头形——帽子、蛋种鹅头红亦属此种头形；③狮头形——两鳃及头顶呈现草莓状瘤，包括菊花形，即狮头形的另类，头部肉瘤松散呈菊花瓣状；④虎头形——鳃部略肿，头顶肉瘤呈块状，久生愈厚。头顶肉瘤块状纹呈王字形者为上品；头部肉瘤呈方形。⑤镶玉形——有别于任何高头、狮头，肉瘤生于头顶部，有单生、对生两种。肉瘤平整光滑、圆润、有半透明感，给人以如玉之遐想。故本文称之为镶玉形（皇冠珍珠）。

○**眼球**：平常眼、朱砂眼、玛瑙眼、望天眼、龙睛眼；龙睛眼又有苹果眼、葡萄眼、算盘珠眼之分。

○**眼睑**——泡眼。

○**眼角膜**——灯泡眼。

○**鼻**——鼻瓣膜出现绒球。

○**鳃**——正常鳃、翻鳃。

○**下颌**——四泡、戏泡。

鼻瓣膜变异的绒球金鱼

长尾草金鱼

〇**鳍**：①背鳍——正常鳍、高鳍、光背。②胸鳍——长鳍、短鳍。③腹鳍——长鳍、短鳍。④臀鳍——单臀鳍、双臀鳍、无臀鳍。⑤尾鳍：尾长——短尾、中尾、长尾；形状——单尾、双尾（四尾）、三尾、孔雀尾、蝶尾。

金鱼有排尿功能吗？

　　鱼儿在水中生活根本看不见它们排尿，因此很多人就认为鱼类没有排尿功能，但实际上大部分鱼类包括金鱼都有排尿功能，它们会将体内有毒物质，通过尿液排出体外。鱼的排尿器官由肾小体、肾管组成，与腹腔后部的输尿管相连，形成很小的膀胱，排尿管开孔于肛门后面。

 ## 知晓金鱼的分类　　　　　　　　　　　　　　　〉〉〉

　　由于我国幅员辽阔，存在南北地域差别，因此，金鱼品种的命名也因地域差异而有所不同。

● **金鱼分类的形成**

历史的演绎自然形成了"草金""文金""龙金""蛋金"的四类分法。四类分

法一经形成，即被广大金鱼饲养者广泛认同并传承至今。四类分法是在漫长的社会生产实践中形成，并普遍被业内外人士所接受的，在金鱼发展史上发挥了重要作用。以四类分法派生的许多金鱼品种生生不息，流传已久。

金鱼是一种可塑性很强的观赏鱼类，随人类审美观念的不断发展金鱼种类也变幻无穷。武惠生教授与傅毅远先生合著的《中国金鱼》一书，在金鱼四类分法的基础上，提出了五类分法，增加了龙背类（有关龙背金鱼品种，清晚期已有记载）。五类分法较为合理，顺应了金鱼产业发展的需要。

● 金鱼品种的界定

根据相关书籍和刊物报道，我国现有金鱼品种 52 小类，多达 300 余种。如要确切知晓金鱼品种数量，首先要清楚何为品种？只有把品种的概念搞清楚，才能比较科学准确地对我国的金鱼品种做出切合实际的统计。

金鱼品种是在家养环境下红色鲫鱼发生的突变，经人工选择、培育产生不同状态、不同颜色，具有观赏价值的鱼类。它们是同一物种中的不同品种。不同品种间

鹤顶红是近几年非常稳定的品种

红白草金鱼

铁包金草金鱼

可以通过杂交产生出新品种，并在不断的定向选择中进行淘汰与保留，逐渐形成较稳定遗传的种群。

● 金鱼的主要品种

1．金鲫类（草金鱼）

金鲫类是最早出现的金鱼品种，也是现在金鱼的原始种，适宜在坑塘及园林景观池中饲养，也可用较大的水族箱布置于厅堂供室内观赏。它的观赏性主要表现为色彩丰富、充满活力的野性美。尾鳍有单尾、三尾、长尾、短尾之分。鱼的颜色有红、白、黑、红白、五花、三色等多种。红白与三色有较好的观赏价值，是草金鱼中的上品。

2．龙睛类

龙睛类是金鱼中具有代表性的品种，有背鳍，并以眼球凸起为特征，明末突变产生的凸眼金鱼到了清朝初期便有了"龙睛"的正式命名。其名称由来，不言而

喻，是源自中国龙文化，因此龙睛类金
鱼眼球状态好坏是该品种的鉴赏点。

　　龙睛类眼球有苹果眼、算盘珠眼、
葡萄眼、灯泡眼、大眼和蚕豆眼等。身
型可分为普通型、短身型。尾型有中尾、
长尾、蝶尾之分。龙睛类金鱼应整体协
调、对称，各鳍须完整舒展，腹部丰满。
蝶尾龙睛身短腹圆，尾形呈蝴蝶状，为
龙睛品系中的上品。

　　龙睛颜色有红、蓝、墨、紫、五花、
红白花、紫蓝花、三色、红头等。主要

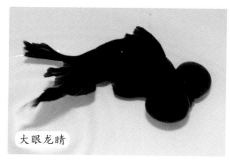
大眼龙睛

蚕豆眼龙睛

红龙睛

品种有：

①**苹果眼**——眼球凸且圆，形似苹果。

②**算盘珠眼**——扁圆状，观赏性较高，为龙睛类上品。

③**葡萄眼**——透明鳞鱼，眼球为黑紫色。

④**灯泡眼**——已失传多年。眼角膜凸起 1 厘米左右，形如灯泡而得名，双目大小对称。

⑤**大眼龙睛**——眼球比普通龙睛大一倍左右，是龙睛类优化品种。 该品种墨质纯厚，眼大而对称，冷眼相望常会误认为是墨水泡。

蓝龙睛

铁包金龙睛

灯泡眼龙睛

蝶尾龙睛

⑥**玛瑙眼**——眼轮呈现橙红的玛瑙色。

⑦**朱砂眼**——指变异后的眼球瞳孔为朱砂红色。

⑧**蝶尾龙睛**——蝴蝶一般的尾鳍，艺术地再造了翩翩起舞的动态美，加之凸起的双眼更显得美丽无比，成为此品种突出的观赏点。蝶尾有正常尾和高鳍大尾两种。

⑨**龙睛球**——兼有龙睛、绒球两特征而受宠。有朱砂球（体白球红）、紫身红龙球。墨龙红球尤显珍贵，为赏家追求。绒球讲究团而不散、紧凑而不悬垂，游动时方显灵动。这一品种中四球龙睛为珍品。

⑩**龙睛高头**——是龙睛与高头的杂交种，具有双亲特征。也有龙睛与狮头形的杂交种。黑色龙睛高头，其墨质之纯厚是金鱼品种中少有的佳品。眼轮凸起明显、对称，头瘤呈块状，三年后越显壮观。龙睛高头的这些特点，又有"黑老虎"的美称，深受玩家珍爱。此品种与龙睛球杂交产生的龙睛高头球复合种，更有观赏价值，是不可多得的品种。另有五花、蓝、紫、红、紫蓝花等色彩的龙睛高头也是非常受欢迎的品种。

黑短尾龙睛

三色短尾龙睛

龙睛高头

龙睛球

⑪**龙睛珍珠**——是龙睛与珍珠的杂交复合种。头、眼必须具备龙睛的优势，眼球大而突出，具有高头或绒球更为珍品。

⑫**短尾龙睛**——是蝶尾龙睛的衍生品种。保留了蝶尾琉金的体形，因其尾短又平添了几分灵动与稚气的美感，受到养鱼爱好者的喜爱。

⑬**龙睛翻鳃系列**——带有翻鳃特征的龙睛，是北京金鱼的特色之一。标准的翻鳃必须鳃盖翘起、翻卷、鳃丝裸露，而不能是鳃盖不全、缺损。翻鳃品种的其他特征要求与龙睛类相同。翻鳃龙睛有翻鳃鼓眼帽子、翻鳃鼓眼帽子球、翻鳃龙睛球、五花翻鳃龙睛球。翻鳃类金鱼品种以其丑态求胜，在一些玩家手中被视为奇品。

红白鎏金

三色鎏金

红白鎏金

3. 文种类

文种是早期由金鲫鱼在盆养条件下体形变短而来。从上俯视，鱼体犹如我国象形文字中的"文"字，故有此称。古老的文种金鱼在今天得到了极大的丰富和发展，是除龙种以外的又一大金鱼品系。如今，纯粹的文鱼很少见，大多被衍生出来的具有较高观赏价值的新品种所取代。

现代的文种系列精品多出于高头、狮头、珍珠等品种，如玉印头、黑白狮头、三色、四色狮头、乌云盖日等。丹顶的五花狮头彰显时尚风格，鹤顶红更是人见人爱。文球品种色彩的多元化，在近年也有长足的发展，鲜明的色差对比交相辉映，成为玩家的鉴赏点。普通珍珠与皇冠珍珠在品质上都有新的亮点。

文种类是金鱼进化史中最早出现的品种。其品种特征是正常眼，有背鳍。主要有文鱼、狮子头、高头、珍珠等系列品种。

①**狮子头**——是常见的金鱼品种，观赏点是头部肉瘤发育状态及头、身、尾的比例。头部肉瘤厚实、饱满、方正。肉瘤分为两种，一是呈现松散的菊花状，二是草莓状。这两种肉瘤均要求自双颊包向头顶，眼球隐于肉瘤间，但又不影响视力为好。草莓状肉瘤头部呈方形为佳，但不追求头瘤过大而失调。

②**高头**——在我国北方称之为帽子，仅头顶部有肉瘤而两鳃不长肉瘤，头部肉瘤发育要以丰满、厚实、中正为佳。高头品种一般具有健壮、抗病能力强、寿命较长的优点，具备培育多年生大鱼的良好条件。其中玉印头、赤质墨章、墨质赤章等为高头珍品。

③**朱顶紫罗袍**——高头形，头顶部肉瘤红色，全身紫色为映衬，是有较高观赏价值的金鱼。清晚期以来该品种时隐时现，未形成稳定遗传，故十分标准的朱顶紫罗袍甚为少见，因而尤显珍贵。该品种命名是以清晚期巨商胡雪岩皇家御赐二品大

红白文鱼

朱顶紫罗袍

鹤顶红

红白高头

员，赐顶戴着紫袍（"红顶商人"）而得名。

　　④**文鱼**——早期的金鱼品种。现在单纯的文鱼很少有人饲养，多数品种伴以翻鳃、绒球等特征。一些紫身红球品种颇受欢迎，更有四球受人珍爱。文鱼乃文种金鱼之根。

　　⑤**文球**——具有文种特征，平头、腹部丰腴，头部须生有两个对称的绒球。或全身纯红或身白球红，或红白花或紫身红球，以球不散不垂，色差明显，尾大而舒展为佳。四球者更受市场欢迎，标准的四球在金鱼大赛中也备受青睐。

　　⑥**珍珠**——珍珠体形，头尖腹圆，古来就有头尖如鼠之说。其鳞片凸起犹如粒

玉印狮子头

黑狮子头

蓝狮子头

粒珍珠镶嵌，要求鳞片凸起明显。背部两侧及腹部无珍珠鳞者就不是佳品。珍珠鱼各色品种较多，如红、蓝、黑、紫、红白花、五花、三色等，红白花与三色都较受市场青睐。

⑦皇冠珍珠——是当代出现的品种，以头顶镶嵌宝石般的肉瘤而得宠，观赏价值较高。肉瘤状态有完整的单块状瘤，也有二对、四对生瘤，无论哪种头瘤都要中正不偏、光泽圆润为好。因皇冠珍珠的头瘤有别于高头，有如玉般的质感，也称为镶玉形。本品种最早出现于20世纪80年代中期。

⑧鹤顶红——是受欢迎且久盛不衰的金鱼品种。以头部肉瘤发育及顶红色质地

作为判断优劣的重要条件。头瘤可分为狮头形和高头形两种，身型有正常及短身两种，尾型有正常及长尾两种。纯色鹤顶除了顶部红色，身体的其他部位均不能有杂斑。体色银白与头部鲜红的肉瘤相映生辉。它最早出现于清晚期。

⑨**文种水泡**——光背水泡因返祖现象会出现背鳍水泡，头部较蛋种水泡略宽，泡体发育良好富有弹性，尾部舒展大方，一般为中尾。文种水泡比蛋种水泡更具活力，体质健硕。

⑩**文种望天**——有属于返祖现象的背鳍，分长尾、短尾。文种望天比蛋种望天更有活力。

五花珍珠

红皇冠珍珠

三色皇冠珍珠

紫身红绒球

文种水泡

土佐金

珍珠水泡

铁包金高头珍珠

红皇冠珍珠

红虎头

雪青虎头

王字虎头

4．蛋种类

蛋种类金鱼是继文种类金鱼、龙睛类金鱼之后突变产生的更高级的进化品种。蛋种金鱼的主要特征为无背鳍的光背品种，眼睛为正常眼，身有长短之分。长身品种主要有各色蛋凤、蛤蟆头等，短身品种有寿星、虎头、猫狮、蛋绒球、水泡、望天等。

蛋种类金鱼最早见于 1726 年清康熙年间出版的《古今图书集成》图示中的光背金鱼（又称鸭蛋鱼）。蛋种金鱼的色彩有红、黑、紫、蓝、五花、三色、丹顶、齐鳃红、紫蓝、黑白、红白等颜色。

①**虎头**——虎头是北京具有特色的金鱼品种，为众多养鱼爱好者争相蓄养，在诸多颜色中以红虎头最佳。

鹅头红

樱花寿星

红头寿星

②**鹅头红**——鹅头红与王字虎头是金鱼家族中的两颗璀璨的明星，是北京金鱼的代表品种。因其成品率较低，其中的精品更是弥足珍贵。鹅头红金鱼就品相而论，一要吻平、头宽、身短；二要背平而直、光滑、圆润；三要腹部丰腴不垂；四要尾直、舒展且较短。头顶红以方形或圆形、块大而色重为佳，否则容易褪色。鱼体或腹部忌有浅橙色杂斑，以银白之鳞与头顶瘤之朱砂红相映为最佳。

③**寿星**——北京早期称之为"南方虎头"。寿星的头身比一般以 1:2 为宜，但也有的身较短，头身比达 1:1。其头部肉瘤多为狮头形并由两鳃发达的肉瘤包裹着，肉瘤为草莓状，但是与虎头相比寿星头顶肉瘤不像北方虎头的肉瘤厚实紧凑。寿星的背部多为平背，讲究背部光滑圆润，无凹凸，腹部肥圆显得脊背宽阔。与平背相匹配的尾鳍平直、短小，四开而舒展。寿星品种繁多，花色也较为齐全，有红、红白、五花、蓝、黑等。20 世纪 80 年代前后，福建、广东两省为该品种主要产区。该品种因在生长中头瘤显露较早，很受市场欢迎。

④**改良寿星**——由日本兰寿与寿星杂交，经多年培育而成的优良品种。改良的寿星大大提高了寿星的鉴赏品位，为寿星这一金鱼品种带来了全新的气质与品性。有虎头形、狮头形及薄瘤的平顶等状态，尤其是虎头形的头瘤肉厚的优势得到发挥，弓背与尾鳍的翘起提高了寿星的观赏性。一些优良金鱼品种屡现于福建，如蝶尾、皇冠珍珠、望天球、寿星等。

红白改良寿星

红改良寿星

五花改良寿星

⑤**猫狮**——寿星的优化种。猫狮的进步主要表现在头部肉瘤的变化且背宽于寿星。由于鳃部两侧肉瘤凸起，很好地协调了头顶厚重的草莓状肉瘤或块状肉瘤，产生恰似猫脸一般的感觉而被赋予猫狮之称。猫狮的尾鳍变化不大，为短尾。背平直而舒展，头身比基本保持 1:1 的比例，腹部较原种——寿星略显饱满。猫狮颜色也很多，有红色、黑色、蓝色、五花等。

黑猫狮

五花猫狮

红猫狮

金鱼

五花蛋绒球

⑥ **蛋红头**——以头尖、肚圆、光背、短尾、头红（齐鳃红）、身白色为特征，其遗传性稳定，具有培育良种的优势和潜质，是杂交育种很好的选材。

红头蛋凤

⑦ **蛋凤**——又称丹凤。特征是头尖腹圆，身体略长，大尾，背平，尾鳍四开且舒展，游动时宽大的尾鳍给人以洒脱飘逸的美感。传统的蛋凤品种有红头蛋凤、蓝蛋凤、五花蛋凤、红蛋凤、翻鳃等，其中多数已失传，少数品种正在恢复中。

蓝蛋凤

⑧ **蛋绒球**——又称绣球。其特征为平头、光背，多为短尾，背部平滑，腹部圆润，丰腴的双球圆且不散，大小对称无垂吊状最好。也有四球的，与虎头杂交成为虎头球，是优良的金鱼品种之一。绒球的色彩有红色、红白、蓝色、紫色、五花等。

五花水泡

⑨**水泡眼**——虽是常见品种，但有个好人缘，称得上人见人爱。许多金鱼爱好者常常被它那两只晃动着的灯笼一般的水泡所吸引。水泡大多数为蛋种金鱼，但也有部分有背鳍的文种水泡。蛋种水泡多为直背、中尾。

⑩**戏泡**——是在金鱼下颌部生出的水泡，其有别于一般

红白戏泡

的水泡。一般水泡是由下眼眶发育而成，泡体内充满淋巴液，而戏泡是生于与口相通的下颌部，双泡内充起的不是淋巴液而是鱼呼吸时吸入的水，随着鱼的呼吸，泡体的大小也随之变化。目前已有龙睛、狮头、水泡、四泡等戏泡系列品种。

5. 龙背类

龙背类品种以无背鳍、鼓眼为特征，有长、短尾之分。

①**望天球**——眼球大而圆，瞳孔明亮，双眼大小对称，眼球向上翻转90度。

②**龙背球**——身形与望天相似，长、短尾都有。佳品为眼球凸起并对称，绒球圆而紧凑，背部光滑，多为直背。

③**龙背虎头**——又称鼓眼虎头。完全保持虎头的身形，有直背与弓背两种形态。头瘤状态与虎头相同，眼外凸，多为短尾，是较为缺少的金鱼品种。该品种在清晚期已有记载。

小知识

金鱼会睡觉吗?

大家都知道金鱼是由鲫鱼演变而来的，同其他鱼类一样需要适当的睡眠，甚至在盛夏时也需要午间休息。如果你留意一下夏季的午间，鲫鱼常会躲避于水草和石缝的僻静处休息。金鱼同样也有午间避于阴凉处休息的习惯。

鱼类睡觉与人类和其他动物的不同之处在于它们不需要静静地卧床或安睡在巢穴中，而是缓缓地游动，对外界的刺激反应迟钝，处于短暂的静止状态。

红白望天球

红望天球

红白望天球

养鱼篇

　　鱼儿离不开水，离开水就不能生存。良好的水环境是鱼类生存的第一要素，而食则是鱼儿生长发育的重要保障。所以，要饲养好金鱼就要为其提供适宜的食、水条件。

宽敞的户外鱼池拥有良好的自净能力

金鱼养殖的基本常识

鱼儿离不开水，就是说鱼儿只有在水中才能生存，离开水就不能生存。良好的水环境是鱼类生存的第一要素，而食则是鱼儿生长发育的重要保障。所以，要饲养好金鱼就要为其提供适宜的食、水条件。

金鱼的食物 〉〉〉

金鱼原是由鲫鱼演变而来的，所以它的食性与鲫鱼基本相同，属于杂食性鱼类。因此，食物种类较丰富，易于饲养。在金鱼的食谱上既有植物性饵料，也有动物性饵料，还有二者兼备的人工合成饵料。科学的饲养方式是根据金鱼生长发育的不同阶段——不同鱼龄、不同季节对营养成分的不同需求，合理调配，才能使金鱼健康成长，体态优美怡人、色泽艳丽。金鱼食物的营养成分大致可分为蛋白质、脂肪、维生素、无机盐、碳水化合物等。

○金鱼的动物性饵料——主要是天然水域生长的水蚤、剑水蚤、水蚯蚓、轮虫、单细胞水生浮游生物、血虫（摇蚊幼虫）以及丰年虫或卵，此外还有蚕蛹粉、鱼粉。

○**金鱼的植物性饵料**——一些水生浮游植物、藻类、浮萍、瓢莎等可直接成为金鱼的饵料。这些饵料对金鱼的色素有很好的补充作用，尤其在生长旺盛的夏季。有些水生植物如水花生、水葫芦等也可以经加工掺入人工合成饵料中。

○**金鱼的人工合成饵料**——配合饲料越来越成为金鱼的主要饵料来源。为保证金鱼的生长发育，饵料的营养成分十分重要。蛋白质是合成饲料的主要营养成分，脂肪、碳水化合物（糖类、淀粉、纤维素）、维生素、灰分（无机盐、微量元素）在金鱼饵料中都是必不可少的。可根据金鱼的不同生长季节、不同生长阶段，科学合理地搭配使用。

金鱼的用水及水质处理　　　　　　　　>>>

水是金鱼唯一可以生长的环境。因此，如何正确运用、掌握金鱼用水，是养好金鱼的头等大事。

● **适宜金鱼生长的温度**

金鱼在鱼类中属于广温性鱼类，它可以在 1～38℃ 的水环境中生存。然而适宜金鱼生长的温度是在 16～28℃。骤然变化的温度，超出金鱼自身生理机能的承受能力，如温差 3℃ 以上，鱼很容易生病，温差在 8℃ 以上可导致金鱼死亡。

● **影响水溶氧的因素**

影响水溶氧的因素大致有三点，即温度、气压与水生植物。

○正常情况下水温越高水中的含氧量越低。金鱼在水温 20℃ 以上时新陈代谢功能极其旺盛、食欲很强，但此时水中含氧量低，氧气易于消耗。这就是水溶氧量与金鱼生长需求的反比关系。

○阴天条件下气压低，特别是闷热天气是水中含氧最低的时刻，此时若不采取加氧处理，则很有可能出现金鱼因缺氧而死亡的情况。

○在饲养金鱼的水中栽植的水生植物及浮游藻类，在阳光下进行光合作用吸收二氧化碳，释放氧气；但在夜间无日照情况下植物要吸收水中的氧气释放二氧化碳。故而饲养金鱼的水中不可以栽植过多的水生植物。

● 适宜的水源

我们日常生活经常接触到的水有自来水、井水、泉水、河水、雨水，而其中最简便实用的无疑是自来水。自来水中含氯，氯作为一种杀菌、消毒剂同样对金鱼产生危害，所以自来水必须经过处理后方可用来养鱼。在室外养鱼，自来水需晾晒1～2天；室内养鱼，自来水则要晾晒3～4天，将水中的氯自然挥发后才可以使用。此外还可采用化学方法除去自来水中的氯。

● 调控水质的几种方法

在金鱼养殖过程中，水污染是不可避免的。为防止水质变化，危及金鱼的正常生存，就需要不断地调整水质的状态。对水质的处理大致有以下两种方式：

○ 采用循环的物理方式

通常利用沉淀、过滤、暴气进行水质改良，以棕片、滤棉、沸石、生物球、活性炭等清除水中杂质、污物。沸石、生物球、活性炭有极强的吸附作用，可清除水体中鱼类排泄物产生的氨、氮等有害物质。再以暴气方式进一步清除、分解水体中的其他有害物质，最终达到水质改良的目的。

○ 采用生物技术进行水质调整的生物治理方式

一些水生微生物，如光合菌、固氮细菌、硝化菌等能有效分解并降低有毒物质的危害，家庭饲养金鱼，利用微生物来保持水质是非常重要的一环，而如何调控这些微生物相互作用，正确发挥效应，则是饲养者必须掌握的知识。

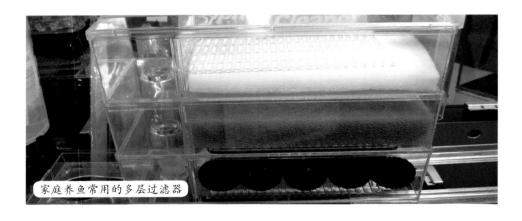

家庭养鱼常用的多层过滤器

生物治理需要借助过滤系统，在过滤的全过程中，有益菌类的作用是关键，因此菌群的形成与保护是有效过滤的保障。为此我们在过滤系统中可添加沸石、麦饭石、生化环等材料，它们是促使有益菌群繁衍的最好温床。

● 新水与老水

新老养鱼爱好者皆知，养鱼必须"养水"。金鱼用水大致分为新水和老水。新水即晾晒过后的清水，而老水则指通过人为调控措施，使水质在较长时间内保持有利于金鱼生存的良性状态的水。从作用上看，新水有利于刺激金鱼的食欲、排泄，加快生长速度，老水多用于"蹲"色、育肥。在实际饲养中，多采用新水、老水交替使用，既可让金鱼保持活力、健康生长，又保证了体形和色泽的优化。

家养金鱼的基本技巧

饲养金鱼在我国有着广泛的民间基础，人们把金鱼当作幸福、吉祥的象征，世代相传。伴随社会的发展，城市建设日新月异，如今四合院越来越少，取而代之的是林立的高楼，人们相继住进了宽敞明亮的楼房。金鱼的家庭养殖也逐渐由四合院、小平房走进楼房居室，改变了几百年来人们的传统居住方式，但是对金鱼的留恋为人们所不舍，更为新一代青年人所追宠。居家究竟如何才能养好金鱼，以下几点需要做到。

因地制宜，为金鱼创造生长环境 >>>

家庭金鱼饲养要根据个人的居住环境、饲养能力乃至经济条件选择不同的器具。

● 室外饲养

居住在平房、四合院、别墅等具有庭院饲养条件的饲养者，可选择盆、池饲养，这是金鱼养殖最理想的环境条件。庭院饲养具有光照充足、通风好的优势，可

金鱼

尽享四合院、石榴树、葡萄架、金鱼缸传统民俗金鱼文化的韵味。

盆缸饲养金鱼，适宜选择泥瓦盆、黄沙缸、木盆等。这些器具透气性好、不易吸热、易生长青苔，可形成对鱼体的保护作用。老北京讲究的是虎头盆；江浙及广东一带多采用砂缸；木盆又称木海，有圆形、椭圆形两种，是传统皇家园林的御用之物。家庭饲养可选用80～140厘米直径的木海。未经浸泡处理的新盆，切勿直接用来养鱼。无论泥盆、砂缸、木海都以陈盆老缸为贵。如果是瓷盆或瓷缸，最好置于室内或阴凉处。

● 居室客厅饲养

居室客厅养鱼多采用水族箱和瓷缸。放置的地点最好选择宽敞、明亮、通风较好的地方，但要注意杀虫药、驱蚊剂的使用，以防喷入水族箱或盆缸之内致使鱼中毒而亡。

水族箱中的金鱼

精挑细选，为自己"请回"喜爱的金鱼 〉〉〉

● 在市场购买金鱼要有针对性地进行选择

①按照个人的饲养条件，选择不同规格、不同品种的金鱼；

②要依照个人的饲养水平，采取先易后难的方式选择金鱼品种和品质的优劣。

无论做何种选择，选择健康无病的金鱼是基本原则。下面就选购金鱼的基础知识做简要陈述。

● 基本选择标准

○**形体好**

选鱼首先要求体形周正、无明显的残疾和先天畸形；各鳍舒展，功能正常，无残鳍、背刺（俗称扛枪、断檫）；鳞片齐整，体态丰腴端正，游动正常有力，食欲旺盛；鳃盖无缺损，眼球对称、球泡大小对称、瞳孔明亮。

市场上出售的金鱼

鎏金是目前市场上紧俏的品种

○鱼健康

观察金鱼是否健康，一是要观察鱼在水中是否活泼、敏捷，如鱼在水中呆滞无神，游动摇摆缓慢无力，或浮于水面或沉于水底，离群或扎堆儿，不能游动自如，静态失衡等症状都表明鱼儿处于非健康状态。二是看体表，如鳃部、鳍、眼球、体肤充血或体肤红肿，体色暗淡无光泽，体表有乳白色黏液或雾状白色，鳃、鳍、身附着有细小的白点；鳃丝不是鲜红而呈暗灰色或出现块状溃烂，都表示金鱼有寄生性及细菌性疾病。三是看消化系统，可以从鱼的粪便中进行判断。粪便出现断续的情况并伴有黏状分泌物，是肠道不正常的表现，严重时鱼则不进食，且腹部出现超常状态的肥大，多为腹腔积水。

○色彩正

金鱼的颜色要正。黑色的不能是灰色或黑灰色；绯红色的不能是红黄或黄色；

小知识

玻璃水族箱适合饲养什么品种的金鱼？

大多数金鱼都可以在水族箱饲养，但一般小于 1 米长的水族箱不适合饲养中年以上的大鱼。玻璃水族箱通常产生的是侧视效果，所以一些以俯视为主的金鱼品种，在水族箱内不能很好地展示观赏效果。水族箱更适合如琉金、蝶尾这类短身而圆体形的金鱼品种。

所以在水族箱内饲养金鱼要根据箱体的造型对金鱼品种进行适当选择，才能取得更好的视觉效果。

不适合与金鱼混养的热带鱼

有的红色鱼颜色呈"胡萝卜"色，最不理想。有的鱼体呈现半红色半黑色，或是身红而鳍叶边缘黑，看起很美，其实不美，因为这是褪色的过渡阶段，不久就会变成红色的。

 ## 循序渐进，掌握养鱼的经验　　　〉〉〉

刚刚开始养金鱼时，难免会因经验不足出现闪失，所以不宜把起步点定得过高，而需要有一个由低向高的渐进过程。一旦把起点定得过高，就容易在饲养过程中受挫，从而影响养鱼情趣和信心。因此，一是在品种的选择上可先考虑养一些易于饲养的普通品种，诸如草金鱼、高头、龙睛等。二是饲养的数量不宜多，以稀养为好。三是选择身体健康、生命力旺盛的中小型鱼。大鱼体质娇弱不适于初学养鱼者饲养。

● 怎样让金鱼安全进入你的家

为了迎接金鱼走入你的家庭，成为你的家庭挚爱之一，除了做好物质上的准备

专业金鱼店

如器皿、晾水、工具等，还需注意以下几点：

○**温度调整**

新购入的金鱼在塑料袋中不要急于倒入水族箱或鱼缸中，须将其原包装放在水中漂浮 20 ～ 30 分钟，给金鱼以调整温差的过程，而这种生理上的调整需要平缓进行。急则生变，易造成鱼体充血及其他疾病。

○**消毒处理**

无论用肉眼观察金鱼有无病症表现，都应以预防为主，进行消毒。消毒时可用高锰酸钾、亚甲基蓝等。盐也有一定的杀菌作用，可在新购入金鱼的水族箱中适量加入盐。

○**隔离措施**

新购入的金鱼与原饲养的金鱼，初时不可混养，需经过 7 天隔离观察（3 天左右潜伏期的白点病、充血症可初见端倪），隔离的主要目的是谨防外来病源的侵害。隔离期间使用的工具，要注意分开用或者消毒后再用。

○**投喂方法**

新购进的金鱼，三日之内以不投饵或少投喂为妥。之后，可根据鱼体状况投喂饵料，以便给鱼自身调整并适应环境、温度、饵料变化的过程。

● 水质的掌控

我们"请回"家中的金鱼，之前都是在室外露天饲养的。进入室内后，生存环境也随之发生了变化，需要我们顺势做出调整。

○**温度控制**

冬季是室内与室外温差最大的季节，一般而言，金鱼在 10℃ 以上时，生理代谢功能随温度升高逐渐加强，因此室内过冬的金鱼，必须每天投以适量饵料，以保持金鱼良好的体质。盛夏午间时刻，阳台光照强、室内气温高，在保持通风的同时要避免阳光直晒釉缸、瓷缸、玻璃水族箱，伤及鱼体，可适当采取遮阳措施。

○**水的运用**

我们在温度控制的同时，对换水周期和水量也要严格把握，既要防日久水质酸化，又不要换水过勤，以老水养新水，最大限度发挥过滤装置的作用。

泡药中的金鱼

日常中我们会遇到新水放入鱼后时间不长，即出现水体混浊不良的状况。之所以产生这种情况，主要是由于新水放入鱼之后，水体没有生成良性的水生生态环境，一些有害物质得不到有效分解所致。在自然界里，水体中会含有一定量的水

塑料袋包装金鱼

生浮游生物，这些有益菌类可以净化水质。而家庭水族箱内短期内无法形成这种良性生态环境，所以要开启增氧、循环过滤系统加大水溶氧，同时采用生化棉、生化球、活性炭及放硝化菌等方法，这些措施能较快地扭转水质不良的状况。

● 如何选择和使用水循环过滤及增氧泵等水族器具

金鱼与其他观赏鱼最大的不同点在于"金鱼乃闲静优雅之物"，它给人以文雅飘逸之美感。因此，金鱼的游动能力大大低于其他观赏鱼类。金鱼的生活习性是我们在选择、使用水族器具时必须考虑的。大水流、大气流的冲击，无疑对娇宠的金鱼是不适宜的，因此使用过滤器时无论功率大小，回水时的力度都必须加以控制，减少水流的冲击力，令其缓缓流入缸内。气泵应选择出气细密的条形气石或在出气管增加气量调控装置。日常管理中，需根据水质状况、投饵情况、放养密度，及时清洗或更换滤材，保持过滤系统清洁有效。

● 饵料的选择与投喂

饵料的选择取决于个人饲养条件和金鱼规格大小。合成饵料有便于保存及入药的有利条件，并具有多种营养成分和规格，可依鱼的不同生长期选择适用的饵料。而活饵则是上佳的天然饵料，不仅营养丰富，更特别的是它不容易污染水质，唯

户外放养的金鱼

有保存方面不及合成饵料方便。不管用哪种饵料，投喂都不可过量，一般以每日两次、每次十五分钟吃净为宜。

● 水族箱饰物的选择与水草的布置

水族箱的布置是新兴的水族造景艺术，它充满着对自然界景观的艺术想象与创造力。我们在为金鱼布置水族箱时，应注意以下几个问题。

○水族箱饰物的选择

水族箱造景多选用沉木、贝壳、太湖石、石笋石、沙积石、鹅卵石及各种赏石等，饰物的选择必须以不伤及鱼体、不影响金鱼健康为原则。那些含有异味、刺激性的、易产生金属氧化物、影响水质的饰品，如含铁的石材布景或有锋利棱角的饰品，特别是水泡、绒球、珍珠等容易造成伤害的饰品，都不可以用来装饰金鱼水族箱。

○水草的选择

由于金鱼的杂食性决定了金鱼有吞噬水草的习性。植入的水草宜选择那些韧性较好和不易被咬碎的，如金鱼藻、黑藻、狐尾草、苦草（韭菜草）等北方水草。一些热带阔叶或韧性较好的水草也可用于室内金鱼水族箱的布置。

● **短期无人照料，如何保障金鱼的安全**

众多养鱼爱好者，常为出差、旅游、探亲访友，家中短时间爱鱼无人照管而苦恼，这是鱼友们十分关心的问题。在这里简单介绍几种方法：

○**降温处理**——冬季在有条件时，采取降温处理。逐渐将水温降至 4 ～ 8℃金鱼冬眠状态的低温，这是最为安全的办法。

○**控食**——短期之内无人照管，可采取临行前停止投饵，并开启增氧或水循环过滤系统，但须对电器进行安全检查，特别是增氧机放置绝对要高于水面，严防水倒流而发生短路事故。

○**足水**——临行前重要一环节是要根据出行时间将水族箱内的水加足，防止因水分蒸发而亏水。

○**稀养**——有条件的亦可采用分置稀养，可较为安全地度过无人照管期。

装饰美丽的水族箱

● 家养金鱼繁殖应注意的问题

金鱼的繁殖育苗是饲养过程中一个非常奇妙的环节，既可以让您的金鱼增值，又是检验养鱼人饲养手法的重要课题。如果想要提高金鱼的饲养技巧，繁殖这一关是必不可少的。下面简单介绍繁殖金鱼应注意的几个问题。

○产前管理

产前 7～10 天以活饵投食，可有效提高产卵质量、孵化率和幼鱼成活率；活饵还可有效刺激性成熟。

○孵化密度

室内繁殖金鱼密度不可过高，应以每平方米 1000～1200 尾为好。密度过高，无法投食，极易发生坏水置幼鱼于死地。所以一旦密度过大须及时分盆，但分盆的时间，既不能过早也不能过迟，可在幼鱼喂食 2～3 天内或在刚产完卵时进行。若迟会因密度大水质生变。

○幼鱼水质控制

在室内繁殖金鱼水质的控制甚为重要，也是家庭繁殖较难把握的一件事。幼鱼初长时不能使用增氧及过滤设备，十日之内一般不可加注新水，所以孵化密度、投饵量都需严格掌控，必以保持良好水质为前提，才能保证幼鱼正常发育、成长。

○光照

光照对幼鱼发育非常重要，有条件尽可能采用日光，在不具备光照的情况下，也可用灯光为光源。

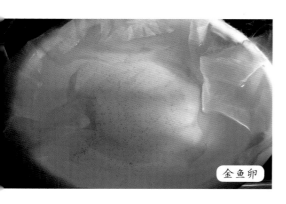

金鱼卵

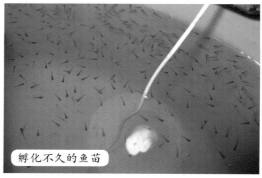

孵化不久的鱼苗

○幼鱼的保护

幼鱼体小且弱，对有害生物的侵袭没有防御能力。刚刚孵化的幼鱼，在投喂灰水期间会被一些灰水所伤害——所谓灰水即为水中的浮游生物，这些浮游生物性情凶猛，常常附着在幼鱼体表，严重时可致命。预防的方法是灰水适量投喂，还要在投饵后注意观察有无灰水抱鱼的现象，一经发现立即改用其他饵料。

● **怎样养好老龄金鱼**

不少养鱼爱好者对大龄、老龄金鱼情有独钟，这大概是因为大龄、老龄金鱼更加成熟，品种特征更加完美、突出，向人们展示出的持久美感具有更大的魅力。因此，如何养好高龄鱼为很多鱼友们所关注。

金鱼步入老龄阶段后，生活习性和对环境的适应能力产生诸多变化，人们的饲养管理方式也必须随着其生理变化进行适当调整，需注意以下几个问题：

①金鱼生长到 5～6 岁便进入了老龄时期，随年龄的增长，代谢功能锐减、食欲下降。因此，对老龄鱼食饵的选择以鲜活饵料为最佳。在无法保证鲜活饵的情况

老龄鱼

眼睛过度发育的老龄龙睛

下，需饲以营养丰富的精品饵料，夏季还需要补充部分纤维性饵料，如浮萍等藻类食物，都有增色和促进消化的作用。

②耐低氧能力差，是老龄鱼的又一特征。通常老龄鱼在低氧状态下无明显浮头表现，极易在缺氧时死亡。所以老龄鱼饲养的密度不能大，以宽养为好，或辅以增氧设备。但是气流宜细、缓，不宜太强。

③老龄鱼游动迟缓，喜静，很少剧烈、快速运动。根据这一特点，在日常饲养管理方面，要防止水流波动过大造成惊扰和刺激。操作上尤其要注意手轻，避免因手重对鱼造成伤害。

④由于代谢功能减弱，要尽可能减少新水对老龄鱼的刺激，所以要想在较长时间内保持水质的良好状态，需每日及时清除水中污物并注入与排出水等量的同温水。

⑤老龄鱼对低温和高温的适应能力都较弱，就是说既怕冷又怕热。因此，在冬季温度要控制在不低于8℃为宜，且最好能喂以少量鲜活饵料，补充其身体消耗。在夏季高温状态下，要提早遮阳防晒，将温度控制在32℃以内。此外，兑水降温也是必要的，但兑水的温差不可超过2℃。

日常管理中要加强对老龄鱼早晚间的观察，注意其进食、排泄、动态是否正常，以便及早发现问题及时解决。

金鱼的年轮如何测定？

早年对鱼龄多以鳞片上出现的年轮纹多少来测定，但这种测定鱼龄的方法，因鱼患病或鳞片脱落的影响而不十分准确。现在更为科学、准确的检测方法，多以骨骼或耳石来测。金鱼的耳石生于脑后，在显微镜下可见明显年轮。

● 金鱼常见病的防治

对金鱼爱好者来说，最关心的问题莫过于金鱼鱼病的防治了。金鱼感染疾病在所难免。对于鱼病的防治我们不妨分为三个阶段：第一，预防大于治疗，有效地预防金鱼感染才是最佳办法；第二，鱼病初期及时隔离、治疗，所谓兵贵神速，在疾病还没有发展的时候用最快捷的方式解决它；第三，疾病已较为严重，此时只能下力气，精心细致地为金鱼治病。

○**鱼病的预防**

鱼体健康是防病之本，只有健康的体质，鱼才有抵御疾病的能力。提高金鱼自身免疫力，必须从加强日常养护管理做起。

①提供金鱼生长所必需的营养成分。有条件的情况下饲以鲜活饵料，若采用合成饵料也要注意选择营养质量高的品种。金鱼的饵料要讲究卫生。鲜活饵料必须

各种鱼药

最常用的庆大霉素（上）和黄粉

投洗干净，严禁使用腐烂变质饵料，投喂不可过量，否则也会影响水质，成为致病诱因。

②水是鱼类赖以生存的空间，因此水质的好坏是金鱼防病的第一道防线。注意养鱼的水质状态，及时清除容器内金鱼排泄物及其他污物，适时加注新水，保证水体的氧气充足，防止水体腐败恶变。让金鱼常年生长在优良的水质环境下，是其健康成长的必要条件。防止其他污染物，如常见的投喂活饵冲洗不干净、带入油污等。

③精细操作。日常管理中，捞取、换水等动作要小心，避免操作不当使金鱼受伤，因为任何创伤都可能是细菌感染的窗口。

④消毒。应做三个方面考虑。平时使用的工具，如抄网、吸水管等一定要保持清洁，如发现污染应立刻消毒。如有赤手捞取动作，也应保证手的干净。春、秋两季是鱼病的暴发期，此一时间应有规律地对鱼和水进行药物消毒，预防疾病。外来的金鱼，无论来路如何或健康状况怎样，一定要隔离、消毒一段时间再混入自家鱼群，坚决阻止外来病菌的感染。

⑤观察金鱼的健康状况，如食量多少、进食是否积极、排泄是否畅通、粪便是否断续、游动是否正常、对外界刺激反应是否灵敏等，以便于细微处发现问题，

珍珠鳞、水泡、绒球有再生功能吗？

通常珍珠鳞脱落后能够生长出正常鳞，但不可能再生长出凸起的珍珠鳞。因此日常养护中，要倍加注意防止鳞片脱落。鳞片脱落有两种情况，一是人为碰伤或天敌伤害；二是鱼类皮肤病灶导致鳞片脱落。

水泡的泡体内充满了淋巴液。一旦碰伤，双泡便形成大小泡的不对称现象，影响观赏效果。泡体受伤不严重时，虽然可采用细针头吸取正常一侧的泡体内淋巴液，补充到受伤后缩小的泡内，但是这样做的结果也很难修复到原来的状态。无论如何水泡是不可能自我修复的。

绒球金鱼经常会因意外伤害或病害，双绒球变成单绒球或者双球全部脱落，这种状况是终身残缺不可能再生的。

小知识

活跃的金鱼

做到对病情早发现、早治疗，可抢得治疗先机、提高治疗效果，把损失降到最低限度。

○金鱼的常见病

·小瓜虫病（白点病）

小瓜虫病又称白点病，是危害金鱼的常见多发病。病鱼的鳃部、鳍条及体表均布满白点，鱼的表情呆滞，游动缓慢，体表色暗淡且分泌物增多，浮于水面或扎在池角。

白点病发病急，传染性强，死亡率高。水温在 15～24℃或春秋两季易发此病。

治疗：①用 1% 浓度的盐水浸两小时，隔三天 1 次，约 4～5 次病情即可好转或痊愈。②用 $2×10^{-6}$ 浓度的孔雀石绿浸浴，时间依温度而定，水温 20～25℃时 30 分钟，25～30℃时 15～20 分钟。③水族箱饲养的情况下，可将水温升至 28℃以上，可自愈。

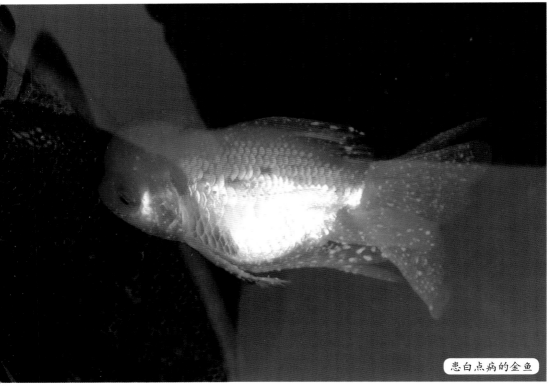

患白点病的金鱼

· 水霉病（肤霉病、白毛病）

病鱼体表或鳍条处生有灰白色如絮状的菌丝，严重时菌丝成片生长在鱼体伤口处，鳞片成块脱落，皮肤损坏。病鱼游动缓慢、食欲减退；重症不食，直至死亡。

治疗：①涂抹药物，可用毛笔或棉签蘸少许 1% 浓度的孔雀石绿，涂抹鱼体患处，每周 2 ～ 3 次。②浸洗，以 1:15 000 浓度孔雀石绿浸浴病鱼 3 ～ 5 分钟。③用 500×10^{-6} 食盐与 400×10^{-6} 小苏打合剂泼洒在鱼缸中。

· 黏细菌性烂鳃病

病鱼鳃丝腐烂，带有污泥状物；鳃丝边缘残缺不全时，鳃部多处溃烂或鳃盖被腐蚀，形成一个圆形透明区，俗称"开天窗"。病鱼呼吸困难，长时间浮于水面，重症者神情呆滞，受惊吓后均无逃遁的反应。

治疗：①用 10×10^{-6} 浓度红霉素浸洗 30 ～ 50 分钟，隔天浸浴 1 次，持续

$7 \sim 10$ 天；还可用 0.2% 食盐泼撒鱼缸作为辅助治疗。②用 20×10^{-6} 呋喃西林或呋喃唑酮浸浴 $30 \sim 50$ 分钟，连续 $7 \sim 10$ 天。③用 0.2×10^{-6} 的硝酸亚汞泼洒，2 天 1 次，连续 3 次。④用 20×10^{-6} 利凡诺（依沙吖啶）浸浴，水温在 15℃ 时浸洗 $15 \sim 30$ 分钟，21℃ 时浸洗 $10 \sim 15$ 分钟。

此病治愈较慢，重症死亡率较高，而且治愈的患鱼也极易复发。因此，恢复期的管理不可大意，特别是水质的控制，持续治疗很重要。

·寄生性烂鳃病

此病多由三代虫、指环虫引起，病鱼多在不缺氧的状态下浮于水面，呼吸艰难，鳃丝失血，呈淡粉色或灰白色。重者鳃盖不能正常开闭。

治疗：①采用福尔马林浸浴，浓度 250 毫克/升，浸浴 60 分钟；②敌百虫浸浴，每 10 千克水加入 $0.7 \sim 1.0$ 克晶体浸浴 10 分钟；③用 0.5 克硫酸铜 +0.2 克硫酸亚铁加水 10 千克，浸浴 $10 \sim 15$ 分钟。

·鱼虱、锚头鳋

两种皆为明显的体表寄生虫，前者扁圆如甲虫，大小似绿豆；后者形似一根短刺。鱼体表寄生此二虫后，会偶尔激烈猛游。仔细观察金鱼体表，如能发现寄生虫，直接将虫摘除即可。

·松鳞病（竖鳞病）

病鱼体表黏液减少，鳞片竖起为松果状，鳞基部出现不同程度水肿，重症则出现游姿失衡、腹部向上膨胀腹水。发病期多于冬末春初和晚秋，是一种金鱼常见的多发病，重症较难治愈。

治疗：①采用 2% 食盐水、3% 苏打水混合剂浸浴 10 分钟，隔日 1 次，7 次为一疗程。②食盐水 + 红霉素浸浴 $1 \sim 2$ 小时，连续 $4 \sim 7$ 日，再辅以氟哌酸（诺氟沙星）内服（10 千克鱼加 $0.8 \sim 1.0$ 克），效果较明显。

·肠炎

因水质恶化或饵料腐败变质引发的肠道疾病，病鱼消化不良、排泄受阻。病情初始，鱼排出断断续续的粪便并带有乳白色黏液，继而鱼的肛门红肿，病鱼少食或不食。

治疗：①禁食数日，让金鱼依靠自己的身体抵抗力调节消化系统。②泼撒黄粉，帮助水体消毒。

· **卵甲藻病（打粉病）**

因卵甲藻大量寄生体表而致病，病鱼初期黏液增多，各鱼鳍及鳃盖、颌部出现小白点，后期白点连成片，犹如一层白粉。病鱼游动迟缓，慢慢瘦弱而亡。此病易发生在酸性水质（pH 5.2 ～ 6.5）的水体中。流行季节多在春末或秋初（22 ～ 32℃）。

治疗：用碳酸氢钠（小苏打）泼撒，提高水的碱性，卵甲藻即可自然死亡。

· **水痘病**

患病鱼的鱼体两侧及腹部、下颌或者各鳍生长出大小不一的豆状物，有圆形的也有椭圆形的，多由皮肤炎症引起。

治疗：可用 1% 利凡诺或呋喃唑酮涂抹患处，每日 1 次，连续 1 周。

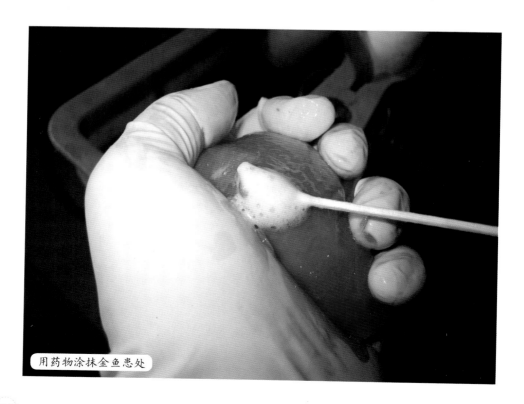

用药物涂抹金鱼患处

·出血病

患病鱼的鳃部、下颌部、各鳍条出血，重者鳍根、体表充血，鳃丝呈灰白色，更有甚者出现腹腔积水。各龄金鱼都有染此病的可能，特别是当年的幼鱼更易感染。此病多发生于春夏之交或秋季，特点是发病快、死亡率极高。用水不当、水温突然变化都可导致鱼发病。发病时鱼游动缓慢，少食或不食，扎堆儿，头尾不停地摆动。早期发现及时对症治疗，可有效防止继发性细菌感染从而降低死亡率。

治疗：早期轻症时可隔离病鱼、降低水位、增加光照，将水温升至 25～30℃，同时禁食并可采用 20×10^{-6} 呋喃西林或呋喃唑酮药浸。若采用 $(0.5～1.0) \times 10^{-6}$ 呋喃唑酮，则需同时辅以 0.2% 大盐一并泼撒，效果显著。需要兑水时切记兑入晒过的水，并且要少量，过量新水会加重病情。

病情较重的，除采用以上方法隔日药浴，连续 3 次，并同时注射抗生素类药物可提高疗效。病鱼用的容器要用高锰酸钾等强氧化性药物或生石灰水消毒。

·穿孔病

此病的病原体为鲫碘孢子虫及银鲫碘孢子虫。20 世纪 70 年代中后期在我国金鱼养殖业中开始流行，疑由外来病原传染。

金鱼发病伊始，体表红肿、出现黏液，继而鳞片脱落，皮肤、肌肉溃烂穿孔，内脏器官裸露，腐烂深度直达鱼骨及鳃部而惨死。发病期多为春、秋两季，盛夏有所收敛。

治疗：①预防：在发病季节保持良好水质，以漂白粉或高锰酸钾对养鱼容器进行全面彻底的消毒，对新购入的金鱼也要隔离观察并药浴消毒；②以高浓度的盐水擦洗病鱼患处后，敷以研成粉末的增效连磺，连续治疗 4～5 次，伤口即可愈合。辅助治疗可以采用 $(2～3) \times 10^{-6}$ 呋喃西林与 0.2% 的食盐泼撒。③呋喃唑酮 20×10^{-6}＋食盐 1.5% 浓度合剂浸洗每日 1 次，连续 4～5 天。④ 1.5% 食盐水＋20×10^{-6} 呋喃唑酮＋高锰酸钾 20×10^{-6} 浸浴 10～30 秒，对当年幼鱼有较好疗效。

赏鱼篇

　　金鱼作为人类审美意识雕琢而成的"有生命艺术品"，它带给人们千姿百态的"动态美"，五颜六色的"色彩美"，万千变幻的"神态美"，比任何艺术品都更具有永恒的魅力。在金鱼鉴赏过程中，我们能得到精神的愉悦和美的艺术享受。

颜色艳丽的鎏金

 # 赏金鱼之美

金鱼作为人类审美意识雕琢而成的"有生命艺术品",它带给人们千姿百态的"动态美",五颜六色的"色彩美",万千变幻的"神态美",比任何艺术品都更具有永恒的魅力。在金鱼鉴赏过程中,我们能得到精神的愉悦和美的艺术享受。

不同时期的金鱼鉴赏标准 〉〉〉

鉴赏的时尚在金鱼发展的每一历史阶段都发挥着重要作用。鉴赏水平的提高也促进了金鱼养殖业的发展。

春秋战国时期,庄子与惠施观鱼戏水时简短的对话把我们带入鱼乐世界,成为千古佳话。庄子曰:"儵鱼出游从容,是鱼乐也。"惠子曰:"子非鱼,安知鱼之乐。"

庄子曰："子非我，安知我不知鱼之乐。"这段话揭示的是一个哲理，也表达早期萌发的人类对自然界鱼类的欣赏，达到感情交融的精神境界，奠定了人类金鱼鉴赏的文化基础。

伴随着金鱼演变进程的发展，人们开拓了金鱼鉴赏的道路，大体经历了崇尚红色、猎奇、百花争艳三个阶段。

第一阶段对金鱼的鉴赏从崇尚红色开始。红色，被视为吉祥、喜庆的颜色和对幸福的向往与追求，以红为尚是中华民族文化的组成部分。而以红白色为主调的金鱼鉴赏，从明代晚期更向艺术化方向发展。

第二阶段是猎奇，这是金鱼鉴赏的又一大特征。在明末清初金鱼变异步伐加快之时，出现了大量的新奇品种，人们怀着猎奇心理，对这些突变而来的奇特品种倍加珍惜，进而推崇。猎奇为中国金鱼的繁荣进步打下了良好的物质基础，加快金鱼

发育标准的珍珠金鱼

形体美丽的鹤顶红

演变发展步伐，在金鱼发展史上具有重要的进步意义。

第三阶段是百花争艳。清晚期金鱼鉴赏活动的进步是以四大品系为基础，衍生出绚丽多彩的金鱼世界，形成了百花争艳的格局。

岁月的流逝，让我们明显感受到金鱼鉴赏在不同历史时期表现出的不同时尚元素，它永远不会停滞在一个水平上。金鱼鉴赏的进步——从崇尚红色到猎奇，成就了金鱼的四大品系，催生了金鱼品种的杂交育种技术，促使金鱼演变向多元化发展，迎来了以四大品系为基础的金鱼养殖业的繁荣，造就了繁花似锦的金鱼大世界。

 ## 金鱼鉴赏的基本要求　　　　　　　　　　　　　>>>

● 体形美

体形美是金鱼鉴赏的第一要素。鱼体结构的合理性，是良种金鱼的基本条件。只有身材中正、丰腴有度、各器官功能正常，才能确保金鱼静态、动态的美感。如同一个正常的人，站有站相、坐有坐姿，举止端庄，谈吐文雅，方显得文明、有修养。对于金鱼来讲，一要游姿挺拔、健硕，彰显生命活力；二要品种特征鲜明、发育健康。

金鱼整体的体形美显然是由各部分的美所构成的。

○**头部**：头正，口阔而圆，张合自如；鳃部发育平而饱满；

○**眼部**：眼无论平眼、凸眼都要眼轮圆、瞳孔晶莹明亮；

○**鳍**：胸鳍、腹鳍、臀鳍、背鳍、尾鳍无论长短均须完整、对称舒展，无折皱；臀鳍以双鳍为佳。长鳍者的背鳍如帆挺立；尾鳍虽然有三尾、四尾之分，但中国金鱼除草金鱼外，绝大多数品种均要求四开尾。中条分叉自然有度，活而不僵（如珍珠中的扫帚尾即为僵），中正不偏。短尾者，坚实有力；中尾（正常尾）舒展大方，平整、无鳍条撕裂；长尾修长、飘逸。

○**鳞**：鳞有普通鳞、透明鳞、珍珠鳞三种。鳞之状最忌苍鳞、错鳞、再生鳞，要求整体鳞片完整。

什么叫苍鳞、错鳞?

小知识

苍鳞在老北京的金鱼行里,是经常提起的。苍鳞,顾名思义就是鳞片苍老的意思。通常在未达到老龄的金鱼中出现的苍鳞,多数由疾病所致,特别是皮肤疾病。痊愈后,体肤无光泽、体色不鲜艳,显得十分苍老,观赏价值大大减退。

错鳞简而言之,就是鳞片排列不整齐,行间错乱,影响观赏,这是高档精品鱼之忌。

不过,不同品种鉴赏的重点和亮点不同。

蛋种金鱼的虎头是鉴赏的重点又是亮点。虎头是大器晚成的品种,头瘤需三年才能基本成形。其头必方似有棱角,头部肉瘤要厚而实。鳃肿而有度,不宜夸张,眼微陷但明亮有神,吻须平而阔不可尖,才能与方头相衬。虎头的极品是王字虎头,头瘤凹纹隐现呈"王"字虎纹。虎头其背无论是弓背或直背,均须背宽而圆润,腹部肥圆而不垂,腹宽不过头。尾柄粗而不可细长,尾鳍四开而且舒展,平背者尾要直,弓背者尾必翘,与背弓弧度相称。虎头鱼的头身之比以2:3为宜,即头占2,身与尾占3。虎头的头身比不可与猫狮等同,超短身的虎头即便不裁头,也尽失虎性之状和灵动之气。影响鱼体平衡,不仅有碍鉴赏,也会破坏鱼体结构的合理性。

匀称的水泡

蝶尾龙睛是龙睛品系中的佼佼者,是金鱼中短身形品种的成功典范。匀称的水泡与鱼体结构的协调性得到完美的结合,前后呼应,堪称珠联璧合。鉴赏中蝶尾的形体与眼轮状态不容忽视,而尾鳍状态是观赏点。舒展而宽大的尾鳍边缘,沿鱼体两侧前倾,呈现美丽的蝴蝶状态，前倾夹角通常小于 90 度。真的是蝶舞翩翩百媚生。

　　水泡鱼的鉴赏要领在于，水泡发育应求其大而对称，活而富有弹性。双泡要无垂吊感，泡体大小与身体发育相匹配。水泡鱼的前后协调性极为重要。现在的水泡鱼品种、色彩比较多，像朱砂、黑白、三色、丹顶等都为玩家所爱，更有与大尾虎头杂交而生的鹅头水泡、望天水泡等，也非常受欢迎。水泡鱼在选择中应该以宽尾为好，瘦尾、小尾多有不协调的感觉，不为人们所崇尚。

小知识

水泡金鱼的水泡中出现杂质是怎么回事？

　　水泡是由眼睑突变增生的膜体和淋巴液组成的。正常的水泡呈半透明状态。出现黄色的大块絮状物体（我们称之为"奶油泡"）的情况，主要是由于金鱼生病引发炎症所致。最常见的"奶油泡"大多因为夏季受到较为严重的烫伤，诱发泡膜炎症。初期泡体的毛细血管充血呈现紫红色，炎症愈后水泡膜体表面增厚变成黄色，这种现象如同伤疤，是永久的状态，是不可能恢复原状的。

健康的水泡

● 颜色美

鉴赏金鱼见仁见智，萝卜青菜各有所爱，但万变不离其宗。颜色是金鱼鉴赏的第一感觉，自古就有红忌黄、白忌蜡之说。总体而言，金鱼颜色应黑忌橙（胸腹部）、紫忌青、蓝忌烂（锈斑）、丹顶忌杂斑（除顶部红斑外的杂斑）、五花底色为淡蓝。纯色的金鱼品种红、蓝、黑、白、紫皆求其色正，而花色斑纹的品种应体现色斑的艺术意味，对红白、三色等，一直以来就为金鱼玩家赋予诗情画意一般的称谓。花色鲜亮，相互对映，是花色斑纹品种的基本条件。色斑的艺术花纹更是鉴赏的要点。对颜色的欣赏者讲究色质，色质并不完全是先天遗传决定的，而是与金鱼的养殖环境、光照、水质、温度、饵食等因素密切相关。色质上乘就是色润且有光

颜色对比强烈的龙睛

花色特殊的狮子头

泽，色浓重艳丽，纯色的品种有丝绒般质感。反之为不雅。

○红色

红色可分为三种：①金鱼最早出现的颜色，表现为橙红色。初始显黄渐渐而红，是金鱼各品种多见的颜色；②通常由黑色不纯正的品种或变色较晚的"青脱子"蜕变而来，蜕色初期为橙色渐而红，久之越加浓重，约两后年如红丝绒般美丽，其质感甚佳；③一般指红白相间的金鱼品种，呈现樱桃红色。常见于顶红与红白花鱼。这种红色鲜且艳，特别是生于头顶肉瘤部位，其色有朱玉般的质感，如鹤顶红、鹅头红品种。

○黑色

黑色品种的金鱼在多年的选择作用下，其所含黑色素的强度不断增加而显得十分浓重。黑色品种尤其讲求纯正，能达到四五年以上不变色者方为上品。目前，最

为理想的纯色当属龙睛。

○**紫色**

紫色品质的判断以紫颜色的浓重程度和持久性为准，过重、过淡都不适宜。

○**蓝色**

蓝色是淡蓝色反光组织与黑色素重组呈现的颜色。同紫色品种一样，它的最佳色配较难控制。

○**红白色**

红白色是早期出现的具有较高观赏性的花色。红白色要求着色实、色鲜，边缘清晰亮丽。红白色有两种：①橙红＋白色，色质较差、品位一般；②樱桃红＋白色，颜色十分靓丽分明，具有艺术性。

○**五花**

传统的五花金鱼，以蓝底碎花为上。即底色必须以淡蓝色为基调，红、黑、

雪青色龙睛

色彩搭配柔和的三色水泡

蓝、紫、银白色,五彩斑斓,均匀分布全身。块状斑的五花金鱼比起传统的碎花金鱼更为现代人所偏爱。

荧鳞三色——由闪烁的银鳞为底色,上有大块黑斑衬托浓重的红色,引人注目,广受欢迎。该品种是由五花金鱼分离而培育出的。

○三色

①蓝、白、浅红三色,是三色中流行较广的,具有较好的观赏性。一般这种三色中的红色较淡,是蓝色鱼与红白鱼相交而产出的。

②由黑、白、红三种颜色组成。以雪质般的银白为底色,上有鲜艳的樱桃红色和黑如墨的斑块组合,这种三色鱼为上品金鱼。

○紫兰花

是紫色和蓝色斑块的组合,由紫色鱼与蓝色鱼杂交而生,其观赏性比较好。紫色鱼中也偶尔有紫蓝色鱼出现,但多为浅灰色,现称为雪青。

○黑白

因其黑白相间,特别是龙睛类鱼中有些眼部有黑圈酷似熊猫的,故此又有"熊猫"之称，尤其受到青睐。

● 动态美

金鱼的动态美是鉴赏的重要条件，是生命魅力的最佳表达方式，也是力度与协调性的展示。动态把金鱼优美的体态与品种特征结合在一起，在动力作用下相得益彰，展示于绿水碧波之中，给人们的鉴赏以美好的遐想。既有惹人的憨态，又有彩蝶纷飞轻纱曼舞之美。水泡如同在水中摇曳的双灯，绣球滚动的美感尽显于动态之中，令人回味无穷，把人们引入令人陶醉的幻想境界。

● 静态美

金鱼的静态向人们展示更多的是娴静、沉稳、古朴、典雅之美。静态是对金鱼平衡与整体协调性的最好检验，因为鱼的品赏最佳状态是可留住的美。

游姿飘逸的长尾草金鱼

清乾隆年间的鱼缸

 # 金鱼鉴赏文化与中华文明

　　源远流长的金鱼文化诞生于中国的沃土。这块土地哺育了金鱼的世世代代，积淀了金鱼厚重的文化底蕴。大量的考古发现证明，鱼文化伴随着中华民族五千年的文明的产生和发展。仰韶文化出土的彩陶鱼图、河姆渡文化出土的鱼形玉璜、玉珏等物证，都已充分证实了鱼在远古时期不仅仅单纯地被食用，而是成了早期的鱼文化。人类文明的进步产生了文字，而"鱼"字是最早诞生的文字之一。

　　人类进步不断赋予鱼文化更丰富、更广阔的发展空间。人们不仅把鱼当成吉祥、幸福的象征，历代诗人、画家更把金鱼之美妙、金鱼之神韵在吟诗作画中淋漓尽致地表现出来。传统民间艺人在年画、剪纸、风筝、灯笼中以金鱼为原型，把其幸福吉祥的寓意，送到千家万户。金鱼衍生的中国金鱼传统文化，连接着诗词、绘画、装饰以及佛教文化、民俗文化、商贸文化，也成为中国与各国文化交流的使者。

佛教文化与金鱼文化 >>>

　　佛教信条是戒杀生、善放生与普度众生，佛教传说：龙女金鲤转世做人。因此当佛教传入中国后，金鱼成了"放生"的主要圣物。放生，意在向佛表示赤诚，表达众生延寿添福、繁衍子孙、源远流长、绵亘万代、永祈和平的美好心愿，这种习俗广为流传。放生活动在唐朝极为盛行，达到顶峰。

　　在朝廷大力主张和支持的放生活动中，野生状态下的金鱼逐渐被人为圈养起来。北宋时期，在嘉兴和杭州等地都有关于放生池的记载，此时作为"水中仙子"的金鱼具有了真正进入宫廷的有利条件。

宫廷文化与金鱼文化 >>>

　　当我们随着滚滚的历史车轮来到南宋，金鱼也由半家化养殖正式进入了家化养殖时代。南宋的皇帝赵构不是一个好皇帝，但对于推进金鱼家化可谓是功不可没。

白马寺放生池

清朝水晶宫

当金人的铁蹄踏破北宋的国门，赵构在江南一隅当上了皇帝，不是发奋图强，收复失地，而是在杭州大兴土木修建宫殿和御花园。

在皇帝的影响下，南宋大批官僚也开始建造鱼池，养殖金鱼，同时也出现了专门养鱼的工人。如果说此前放生池中的金鲫鱼还处于半家化状态中，那么从这一时期开始，金鱼正式走入了人们的生活中，开始了它的家化池养时代。

与南宋同时并存的金朝，在灭亡北宋之后迁都中都，也就是今天的北京，并将北宋都城汴梁的宫室连同宫廷里的奇珍异物尽数搜括到中都，宋宫中假山"艮岳"及鱼藻池中的金鱼被运送到今北京莲花池。从此中国北方的宫廷中开始有了金鱼的饲养。南宋亡国后，元将伯颜遣人捞出南宋宫中金鱼，连同池水一并海运到大都（今北京），从此金鱼又成为元朝统治者宫廷玩赏的珍物了。

据明代王象晋《二如亭群芳谱》中《鹤鱼谱》记载，元朝重臣燕帖木儿在府第中建起专门养五色鱼的水晶亭，整个鱼池和亭柱、亭壁皆用水晶磨制而成。鱼池沿的栏杆用红珊瑚制作，栏杆上镶以八宝奇石，白池红栏杆，光彩玲珑。四壁水晶镂空雕花，柱中内空，用从各地夺来的各色珠宝嵌成多种花形，池壁外专有放灯的孔道，以便在晚间用灯光照透水晶壁，这座水晶鱼池的豪华富贵可以说是空前绝后的。池中金鱼由从杭州掳来的鱼工精心喂养，每逢夏日或傍晚，燕帖木儿要在妻妾的簇拥下到这里赏玩，各汗国的使臣及贵族来朝时，燕帖木儿也在这个水晶亭接见他们，以炫耀他的财富。

民间文化与金鱼文化 >>>

明朝的神宗皇帝朱翊钧是个金鱼鉴赏家，对饲养金鱼很有研究。在神宗皇帝的鼓励下，许多内臣宫眷也纷纷养起了金鱼。而且在每年中秋，举行赛金鱼的活动。明宫里对金鱼是非常迷信的，认为是龙的象征。宫中金鱼娇贵，蓄养器物也十分优雅、高贵。崇祯当上皇帝后，对金鱼备加优待，改善鱼器，换成嘉靖时的青瓷鱼缸，加派专人饲养宫苑的金鱼。

金鱼发展到了明朝，由于盆养金鱼技术的发展，金鱼的繁殖、孵化、选种都很方便，养殖容器变得相对简易，一个陶瓦盆或是一个木盆，都可以饲养金鱼，因此，平常百姓家家都以养金鱼为乐。

公园中的金鱼展

园林文化与金鱼文化 >>>

清朝时皇帝及达官贵人们都把赏鱼作为一种乐事，纷纷于园林或府中凿池养鱼。在北京皇家园林的众多鱼池中，以圆明园坦坦荡荡景观最为著名。坦坦荡荡景观，俗称金鱼池，是当年清帝喂鱼观景的地方，现今仍保存着鱼池和多处建筑遗迹，经恢复后成为游客们夏日游园的新去处。清朝乾隆时已把赏鱼作为日常休闲的必要活动。我们可以从圆明园的牡丹争艳、竹影婆娑、金鱼戏水、杏花飘香中，体会到金鱼在北京园林文化中的作用。

 ## 历代金鱼专著与金鱼研究 >>>

最早鉴赏金鱼品种的文章《金鱼品》，作者屠隆，明万历五年进士，戏曲家，文学家。《金鱼品》全文四百余字，记录了当时众多的金鱼品种和养鱼风尚的变化。

传世最早并附有彩色插图的金鱼专著是清代句曲山农所撰、尚兆山绘图的《金鱼图谱》。这本图谱是研究中国古代金鱼的重要文献。此书用简练的文字，系统地讲解了古代金鱼的饲养方法，使读者一目了然。配画则运用中国绘画技法及西方透

《金鱼图谱》

视学的原理，将金鱼奇异的身姿及绚丽的色彩绘于纸上。画面中的金鱼有立体感，不仅颜色鲜艳，而且栩栩如生。使本来枯燥乏味的养鱼专著，变成了既有知识性，又有欣赏性的书籍。

全面阐述金鱼的生态习性、选种繁殖和饲养方法的专著是晚明张谦德著的《朱砂鱼谱》。该书分"叙容质"和"叙爱养"上下两篇。上篇叙容质，内容为金鱼的形态和品种；下篇叙爱养，叙述的是金鱼的生态习性和饲养方法。

最早的养鱼心得是《虫鱼雅集》。作者拙园老人，清代光绪年间人。《虫鱼雅集》的金鱼部分包含鱼法源流、养鱼总论、滋鱼浅说、四时养鱼、养鱼六诀、养鱼八法、鱼中十忌、医鱼六则诸篇，不仅细数了种种有关养鱼的体会心得，那些由鱼而生的雅趣亦跃然纸上。

最早的金鱼养殖实用技术手册是《金鱼饲育法》。作者姚元之，清代人士。《金鱼饲育法》原文为随笔，最早收录在姚元之《竹叶亭杂记》中，后经整理编为种类、位置、蓄水、喂养、生子、鱼病六篇，以劝勉国人励精从事。

金鱼与诗词书画的不解之缘

名家诗画中的金鱼 〉〉〉

古往今来，历代文人墨客都纷纷把对金鱼的喜爱寄情于诗歌画作之中，从唐朝起历朝历代吟咏金鱼的诗歌不绝于缕。描绘金鱼曼妙形象的画作层出不穷。

去杭十五年复游西湖用欧阳察判韵

宋·苏轼

我识南屏金鲫鱼，重来扪槛散斋余。

还从旧社得心印，似省前生觅手书。

蓻合平湖久芜漫，人经丰岁尚凋疏。
谁怜寂寞高常侍，老去狂歌忆孟诸。

次韵唐彦猷华亭十咏其六陆瑁养鱼池

宋·王安石

野人非昔人，亦复水上居。
纷纷水中游，岂是昔时鱼。
吹波浮还没，竞食糟糠余。
吞舟不可见，守此岁月除。

玉泉寺观鱼

明·王世贞

寺古碑残不记年，清池媚景且留连。
金鳞惯爱初斜日，玉乳长涵太古天。
投饵聚时霞作片，避人深处月初弦。
还将吾乐同鱼乐，三复庄生濠上篇。

吴作人画笔下的金鱼

汪亚尘的金鱼扇面

金鱼

潘觐缋描绘的金鱼

女画家金章的作品

金 鱼

明·朱之蕃

谁染银鳞琥珀浓，光摇馨鬓映芙蓉。

清池跃处桃生浪，绿藻分开金在镕。

丙穴灵源随地涌，离宫正色自天钟。

群鱼漫尔同游泳，□见飞空化赤龙。

玉泉寺观五色鱼

清·汪文桢

听经抚掌涌清泉，耀日金鳞濯锦鲜。

蓝尾个中如卵色，何年擘碎水中天。

玉泉观鱼

现代·李冰若

玉泉五色鱼，悠悠戏涟漪。

扬鳍水泼泼，喷沫珠霏霏。

日午塔影直，食饱鱼身肥。

长作池中物，如何化龙飞。

以鱼入画始于五代。画家以金鱼为题材，描绘出许多生动活泼、富有情趣的金鱼画面。绘画艺术将千姿百态、多彩多色、形态各异的金鱼跃然纸上，金鱼画也就成了金鱼发展史的佐证材料。

用绘画艺术表现观赏游鱼之乐，并使之艺术化，宋徽宗是一位有功之人。他不仅饲养金鱼，而且还描绘金鱼，《鱼藻图》就是代表作之一。

中国的金鱼画在整个中国绘画艺术中也占有一定地位。清末著名的金鱼

画家虚谷和尚即以其擅画金鱼而闻名，他画的《紫授金章》金鱼图成为价值连城的国宝。

现代画家凌虚素有"金鱼画专家"之美誉。他数十年致力于鱼藻，以国画鱼藻而蜚声海内外。1979 年，他创作了长达二十四尺，宽一尺的《百鱼图》长卷。这是迄今为止规模最大的一幅金鱼画，也是他的代表作。画面生意盎然，异彩纷呈，一尾尾鱼儿百态千姿，神态毕肖，令人目不暇接。这幅画卷，倾注了画家对生活的热爱和对祖国美好前途的歌颂。此外，齐白石、吴作人等大画家也有许多以金鱼为对象的绘画杰作。

凌虚的作品

民俗和传统工艺中寄托金鱼之吉祥寓意 〉〉〉

● 陶瓷工艺中神采各异的金鱼

金、元以来的瓷器上，金鱼的装饰图比比皆是，如金朝磁州窑的铁绘鱼藻纹瓶、元朝景德镇的青花鱼藻纹盘、明朝嘉靖五彩鱼藻文罐、清康熙五彩鱼藻文瓶、清雍正皇帝案头的仿木纹小瓷鱼盆等。这些瓷器上的鱼形，由于时代不同，用途不同，各有不同的处理手法，如汉以前在意象上强调鱼的游动，明、清的装饰鱼形是跳跃式的造型，结合"跳龙门"的寓意，而宋、元、金的鱼藻盆则强调鱼与水的观赏美感。

明代以后，养金鱼所用瓷缸上的图形也越来越丰富多彩，从颜色上就有青花、霁红、五彩之分，画面鱼藻的莲荷、水藻及各种金鱼已大有讲究，明代的宣德鱼缸和嘉靖鱼缸被视为养鱼珍品。

金鱼

青花矾红鱼藻纹盖罐

● 给予邮票创作灵感的金鱼

1960 年 6 月 1 日发行的我国第一套采
用四色网点重叠印刷的彩色邮票主题就是
金鱼，全套 12 枚。这套邮票五光十色，姹
紫嫣红，是新中国邮票的佼佼者，首开我
国动物题材邮票之先河。

1993 年，中国香港邮政首次以金鱼为
主题发行邮票，计有邮票 4 枚、小全张 1
枚。票名分别是红五花蛋鱼、鹤顶红、红
白花琉金和黑金龙睛。

2005 年 5 月 12 日国内第二组金鱼邮
票发行，计有邮票 4 枚、小全张 1 枚、小
型张 1 枚。票名分别为五花珍珠鳞、红白
燕尾、蓝文鱼、淡紫蛋凤和红白龙睛。

《金鱼》邮票

中国香港发行的《金鱼》邮票

在日本，金鱼被视为国宝级动物，也曾多次发行金鱼邮票。

● 年画中经典题材的金鱼

从明朝永乐年间开始，金鱼作为杨柳青年画的主要题材，通过寓意、写实等多种手法表现人民的美好情感和愿望。如传统名画《连年有余》《鲤化千年》《子鱼卧莲》等都是以金鱼为主角。《连年有余》画面上的娃娃"童颜佛身，戏姿武架"，怀抱鲤鱼，手拿莲花，取其谐音，寓意生活富足，成为年画中的经典，广为流传。

● 剪纸中对吉祥幸福期盼的金鱼

在民间剪纸工艺的 600 多年历史长河中，纳福迎祥、祈求生命的观念为其赋予了不竭的血液和旺盛的生命活力。安徽阜阳的一个民间剪纸《金鱼串莲》，图样为一个金鱼游在几只荷花之间，神态生动。山东剪纸《金玉满堂》、山西剪纸《子鱼

《金玉满堂》年画

扑莲》、栾淑荣《荷花金鱼》《金鱼满堂》等都是托物寄语，借用那些约定成俗的观念化形象，来寄托人们对美好生活的向往，对吉祥幸福的期盼。

● 风筝中向往美好生活的金鱼

中国的风筝已有2000多年的历史，一直融入在中国传统文化之中。在传统的中国风筝中，随处可见以鱼为主题的吉祥寓意之处如："鲤鱼跳龙门""连年有鱼""喜庆有余"等，这些风筝无一不表现着人们对美好生活的向往和憧憬。

● 灯笼上昭示幸福团圆的金鱼

中国的灯笼又统称为灯彩。起源于1800多年前的西汉时期，每年的农历正月十五元宵节前后，人们都挂起象征团圆意义的红灯笼，来营造一种喜庆的氛围。金鱼形状的灯笼更是昭示着对生活美好的企盼和期待。

金鱼剪纸

金鱼风筝

金鱼灯笼

中国结上传递和平友谊的金鱼

编织是人类最古老的手工艺之一，距今约有 7000 年历史。将红色的绳线编织成为红色的中国结，编织成金鱼的形状，是中国文化和艺术的一种传承，深受国外友人的青睐。

除了上述之外，我们在生活用品中也处处可以看到金鱼的影子，如金鱼图画的布料、脸盆、水杯、书签等等，金鱼以它优雅的体形、斑斓的体色和柔美飘逸的游姿，以及清幽闲雅的神韵出现在我们生活的每一个角落。

金鱼对人类科研和文化的贡献

传统的中国鱼文化，把鱼视为善良、友好、吉祥、幸福的象征。随着时代的进步，金鱼与人类生活的关系越来越密不可分，成为休闲生活的组成部分之一，给人类生活带来无穷无尽的乐趣和精神享受。"鱼乃闲静幽雅之物，养之不独清目兼可清心……"（《虫鱼雅集》）。然而，金鱼对人类的贡献远非如此。

活着的"世界自然与文化遗产"　　　>>>

当今世界没有哪一种观赏鱼像金鱼一样，承载了上千年的历史文化。

中国金鱼历史悠久，浸透了中华民族的文化，对世界观赏鱼养殖业的发展有着重大的开拓、启迪作用。金鱼作为世界观赏鱼业发展的先驱地位是无可比拟的。

目前，风靡世界的三大观赏鱼类：中国金鱼、日本锦鲤、淡水及海水热带观赏鱼，以其不同风格、不同文化、不同特色显现于世界。

锦鲤是日本的国鱼。它在日本的发展不足 300 年。在日本养殖者不断培育的过程中，融入了本民族文化风格，造就了日本的民族之魂——锦鲤。它体现的是色彩、气质、力度的完美结合，形成以红白、大正三色、昭和三色为代表的品种系

列，走向世界观赏鱼大舞台。

就热带观赏鱼而言，其发展的历史不足 200 年。这些鱼大部分产于南美洲、非洲、东南亚等热带、亚热带地区。相当一些品种在家养环境下，没有产生多大变异，基本上保持了野生环境的原生态。海水观赏鱼的发展就更晚了，不过是近几十年的事。

金鱼是研究生物变异和进化的活标本 >>>

当今世界没有哪一种动物能与金鱼一样产生如此之多的变异。在无数观赏鱼类中，能够在色彩与形态上产生像金鱼一样变化多端的也绝无仅有。用金鱼来做达尔文主义的教材，在我国具有特别强的说服力。我国遗传学奠基人陈桢教授对金鱼的演变、变异进行了深入细微的研究与实践，做出了具有远见卓识的结论。他那独到的见解，为后人提供了宝贵的数据资料。我国遗传学家童第周，以金鱼、鲤鱼为研究材料，应用细胞核移植技术，研究细胞核和细胞质在鱼类个体发育、细胞分化和性状遗传中的相互作用，为动物育种提出了一个新的、可能的途径。从一定意义上讲，具有可塑性的金鱼对人类的贡献远不只限于观赏，也体现在生物科学研究领域。金鱼的产生和发展历经了 1000 多年的沧桑，今天我们见到的形态各异的金鱼品种，是人们在长期饲养实践中，利用传统的选育技术加上现代科技对生物遗传和变异原理的实践培育出来的，科技发展是永恒的，金鱼的变异也是永恒的，我们可以在无穷无尽的探索中尽享金鱼变化无限的迷人风采。

金鱼是游向世界的和平使者 >>>

日本作为一衣带水的邻国，与中国有着悠久的文化交流历史，金鱼东渡也是中日文化交流的一朵绚丽之花。据记载，公元 649 年至 765 年间，中日两国使者往来频繁，日本遣唐使对中国饲养金鱼兴趣斐然，自日本德川时代，即 17 世纪初叶前后，中国金鱼多次传入日本。

此后，日本曾多次从中国引入金鱼品种，并派人前往中国学习金鱼养殖技术。日本金鱼经过数百年发展，培育出有别于中国风格的琉金、地金、东锦、南京、兰畴等许多品种，形成别具一格的日本金鱼。金鱼在日本深受人民喜爱，也造就很多金鱼名家。时至今日，日本和中国一样，已成为世界上主要养殖金鱼的国家。

兰畴是日本金鱼最具代表性的品种。日本对于兰畴的鉴赏已有百年以上的历史，形成一套完整的品评体系，或许是出于日本民族严谨的特性，用以品评的规则几乎到了无可附加的程度，能培育出一尾完美的兰畴是培育者一生的追求。

中国金鱼游入欧洲的时间是在 17 世纪初。最先传入法国，而后遍及欧洲，又到达了美洲。金鱼传入欧美的方式是不一样的，有商人在贸易中带出中国，如养金鱼最风行的葡萄牙等国和美国；有侵略者作为战利品掠夺出去，如荷兰；也有作为两国友好的皇家礼品赠送出去的，如英国。在英国特使马卡尔蒂尼出使中国时，把乾隆皇帝馈赠金鱼带回了英国。

中国金鱼也随着与南洋地区的交往和华侨及明朝遗民到南洋谋生而来到南洋。清朝人士许之祯在《南洋见闻录》中，曾记载了安汶岛上姓朱的皇族至迟在 1648 年南明朝灭亡时出海谋生，把中国金鱼带到南洋群岛。

有"金鱼之王"美誉的兰畴

　　中国金鱼也在不同的时间游入了亚洲和美洲其他国家和地区，如印度和墨西哥等国。欧美及亚洲诸国，饲养的金鱼大多是中国金鱼的原型，他们培育出的新品种并不多，常见的有美国的慧星，印度的红珍珠等几个品种。

　　金鱼是和平、幸福、美好、富有的象征。新中国成立以后，周恩来总理多次把金鱼作为礼品送给亚非国家和人们，让宫廷金鱼"出使"各国，成为和平的使者，促进各国人民友好往来。金鱼作为两国文化交流的使者，在中日邦交正常化中也起到了重要的作用。

　　无论金鱼游到哪个国家，它的故乡都是在中国。

结束语

　　随着社会进步发展，人们生活水平日益提高，金鱼的养殖与观赏已成为人们生活中不可缺少的组成部分。在我国各地的大中城市，金鱼已成为人们点缀和美化生活环境的活的艺术品，人们乐于饲养金鱼来给居室添加色彩。在家中饲养金鱼，既陶冶情操又能美化环境，给人们的生活增添了无限乐趣。许多大城市的公园中也都设有金鱼长廊或定期举办与金鱼相关的展览，对普及国宝金鱼知识，弘扬中国传统鱼文化起到极大的促进作用。

　　金鱼与现代文化和生活息息相关。我们在鉴赏金鱼中体会中华民族那种独特的，产生于心灵深处的平平淡淡、真真实实的审美意境；感悟中华文化那种深厚的，充满着朴实善良意愿，追求幸福美好生活的人文精神；在鉴赏金鱼中解读中国历史风云变幻所赋予后人的启迪，有如它的优雅与从容，看云卷云舒，宠辱不惊。把这五彩缤纷、千姿百态的金鱼请进家中，不但可以陶冶情操，增加艺术修养，还能让人领悟自然科学的奥妙。